GROTTE GUICHARD

DÉCOUVERTE

DE LA

GROTTE GUICHARD

EN ALGÉRIE

LETTRE A MON PÈRE

PAR

CHARLES-ARMAND GUICHARD

GARDE-PRINCIPAL DU GÉNIE

CHALONS

IMPRIMERIE T. MARTIN, PLACE DU MARCHÉ-AU-BLÉ, 50.

1871.

DÉCOUVERTE

DE LA

GROTTE GUICHARD

EN ALGÉRIE

Mon cher Père,

En 1863, j'habitais la ville de Tébessa, qui fut anciennement une grande et opulente cité, la capitale de la Numidie du temps des Romains, et qui est située dans le sud-est de l'Algérie, à cinquante-quatre lieues sud de Constantine.

Sachant que des animaux sauvages, tels que : panthères, hyènes, chacals, etc., venaient par bandes toutes les nuits, principalement pendant l'hiver, fouiller dans les fumiers que les Arabes déposent depuis des siècles aux pieds des glacis des fortifications de cette ville, je priai un de mes amis allant à Constantine de me rapporter de la strychnine, afin de détruire de ces animaux avec ce poison violent qui tue sur place.

Cet ami s'acquitta de ma commission, mais il m'en rapporta peu, environ une cuillerée à café, que j'introduisis dans le milieu de trois petits morceaux de viande cuite, ayant forme de boulettes, et que j'allai placer un soir, à la tombée de la nuit, sur un des tas de fumier.

Le lendemain, dès le point du jour, j'allai pour reprendre mes trois boulettes, si elles y étaient encore, craignant que pendant le jour quelque chien ne s'empoisonnât, mais elles n'y étaient plus ; et comme il était tombé de la neige pendant la nuit, je vis les traces d'une hyène qui était venue les manger, et qui s'était dirigée ensuite du côté de la haute montagne Deheck, située au sud de Tébessa, à l'est du djebel (montagne) Osmoz, appelé vulgairement pain de sucre, à cause de sa forme.

Cette montagne est élevée de cinq cents mètres. Sa crête forme plusieurs hautes pointes aiguës et saillantes de rochers, qui s'étagent en allant de l'est à l'ouest, avec une symétrie présentant à chaque instant, sur ses penchants, aux voyageurs qui les côtoient, des points de vue nouveaux, avec de délicieux et abruptes panoramas, qui charment les yeux et qui reposent l'esprit, et où il existe une solitude que les animaux sauvages vont seuls troubler.

Je suivis les pas de cette hyène, dont les traces formaient beaucoup de déviations, espérant bien la trouver morte à quelque distance. Erreur :

elle avait d'abord franchi le grand ravin dit de la Zaouïa, qui est garni de rochers placés en gradins, et sous lesquels se trouvent de nombreux trous où les animaux féroces font élection de domicile. Puis elle avait suivi le haut du grand et rapide escarpement de droite, qui est couvert de broussailles, toujours en remontant dans la montagne.

Après une demi-heure de marche dans cette montagne rapide, formée de mamelons s'élevant les uns au-dessus des autres, et qui sont garnis de fourrés très-épais, j'hésitai à continuer ; j'eus même l'intention de retourner sur mes pas, mais je m'encourageai bientôt lorsque je remarquai que l'animal s'était couché, roulé et débattu dans la neige, puis qu'il avait descendu dans le fond d'un profond et sinueux ravin, pour suivre un petit ruisseau tortueux, où il s'était couché une deuxième fois auprès d'une petite mare d'eau.

Comme j'étais armé de mon fusil, je continuai de suivre l'empreinte de ses pas, en gravissant avec difficulté dans le creux de cette grande artère de montagne à pente rapide, malgré les difficultés de la couche de neige qui devenait de plus en plus épaisse, des débris de roche roulés par les eaux des grandes pluies, qui présentent des surfaces raboteuses et des coupes abruptes, et des nombreuses broussailles dont elle est garnie.

Arrivée à peu près au milieu du versant de la montagne, la hyène avait changé de direction pour remonter le fond du ravin des chacals, qui est profond, tortueux, encaissé entre ses deux escarpements presque à pic, et qui est en même temps encombré de hautes herbes, telles que : dys, alfa, thym et romarin en fleurs ; de buissons d'essences vertes en hiver comme en été, tels que : pins d'Alep, myrthe, lentisque, chêne-vert et genévrier.

Ce dernier est chargé de petites baies d'un jaune rouge, et dont les sangliers et les chacals, qui sont excessivement nombreux dans ces parages, se nourrissent en partie pendant l'hiver, surtout pendant celui-ci, qui est très-rude. Chose rare dans ce pays, six fois il est tombé dans la plaine de Tébessa une forte couche de neige, pendant l'espace de quatre mois, et les sommets des montagnes environnantes en ont été constamment couverts.

Aujourd'hui dimanche, 22 mars 1863, les montagnes des environs sont encore couvertes de celle qui est tombée depuis trois jours ; les enfants indigènes et européens se divertissent, sur la place et dans les rues de la ville, à se lancer des boules de neige.

Je grimpai comme je pus à travers tout ce cahot d'obstacles ; je franchissais les broussailles, les hautes herbes et les débris de roche de toutes dimensions, tout en admirant les touffus buissons de genévrier, couverts de neige, avec leurs beaux troncs composés d'une multitude de colonnes torses entrelacées et réunies en faisceaux, produisant un effet des plus curieux.

Enfin, arrivé à une distance de trois kilomètres de la ville, au point où ce sinistre ravin, qui, pendant les pluies, devient un torrent impétueux, et où l'eau se précipite avec fracas en formant à chaque instant des cascades, en se brisant contre les débris de roche et en se transformant en écume blanchâtre ; au point, dis-je, où ce ravin se divise en deux branches en perdant brusquement de sa profondeur, la hyène s'était engagée sous un haut et épais fourré de lentisques, qui se trouve au pied d'un rocher d'une pierre blanche et calcaire, qui donnerait une excellente pierre de taille, d'un grain fin, compact et serré.

Ce rocher, situé dans l'endroit le plus creux du ravin, sur la gauche en montant, est orné d'un.

superbe figuier qui sort majestueusement d'une de ses veines, se trouvant dans le milieu de son élévation. Ce même rocher est surmonté dans toute sa longueur, qui est de douze mètres, d'un épais buisson de chêne-vert.

Avec le canon de mon fusil, je fis tomber la neige dont la broussaille de lentisques était chargée, puis, après avoir soulevé et détourné quelques branches garnies de feuilles d'un vert foncé qui me masquaient la vue, j'aperçus, taillé dans le pied du rocher, l'antre de ma féroce fugitive, lequel me parut très-profond.

Comme j'étais certain que ma victime était entrée dans sa demeure, je me hâtai de retourner dans la mienne, en redescendant avec précaution de ces alpes sauvages, si profondément ravinées et si tourmentées par la nature.

Le vent, qui venait de se lever, troublait seul la solitude de ces lieux d'un aspect si agréable et si varié, en agitant les branches inclinées hori zontalement et surchargées de neige, de quelques pins d'Alep d'un jaune vert.

Quand la végétation de ces arbres chétifs, qui poussent dans les anfractuosités des rochers, et qui sont couverts d'une mousse grise qui les fait paraître maigres et décrépits, s'arrête, ils tombent en pourriture. A chaque pas je rencontrai de leurs vestiges.

Quatre jours après, la neige ayant entièrement disparu, j'y retournai accompagné de trois Arabes bien armés et munis de deux torches, pour visiter la résidence de l'animal empoisonné, et le rapporter, espérant bien le trouver mort.

J'eus beaucoup de peine à reconnaître le ravin des chacals, qui avait changé d'aspect ; heureusement qu'à son entrée j'avais remarqué un superbe pin d'Alep d'une hauteur de seize à dix-huit mètres, dont le sommet se termine par une boule de deux mètres environ de diamètre.

Ce magnifique globe de verdure, formé de petites branches d'un beau vert très-foncé, rabougries, serrées et entrelacées les unes dans les autres, décore majestueusement cet arbre, qui paraît fier de sa parure.

En franchissant pour la seconde fois le ravin sinueux des chacals, dont le lit est garni d'os, débris des victimes des habitants de ces lieux sombres, à chaque instant je marchai sur des excréments de lion et de cerf, et je fis une provision de crottes de gazelle, dont l'odeur ressemble au musc.

Arrivé au pied du rocher servant de repaire à la gent féroce, je remarquai des empreintes de pas toutes fraîches de plusieurs animaux, tels que porc-épic et chat sauvage, m'indiquant qu'un certain nombre de ces quadrupèdes s'y trouvaient; mais j'étais certain que le lion, ce majestueux roi des quadrupèdes, qui est l'animal le plus redoutable et qui a fait cet hiver beaucoup de ravages dans les douars (groupes de tentes) des environs, en enlevant presque chaque nuit quelques pièces de bétail, n'y était point, attendu que ce fier animal établit toujours son domicile sous de grands arbres, ou au milieu d'épais fourrés.

Après avoir coupé quelques branches qui me masquaient l'entrée du repaire, qui a la forme d'une voûte surbaissée de quatre-vingts centimètres de largeur sur quarante de hauteur, un des trois Arabes voulut, sans que personne lui en disputât l'honneur, s'y engager le premier avec un sabre à la main.

Quoique cet homme s'y enfonçât avec la rapidité du chat, je le suivis de près, armé d'un pistolet ; les deux autres indigènes vinrent successivement, armés chacun d'un fusil.

Nous rampâmes horizontalement pendant une douzaine de mètres, puis nous nous trouvâmes au milieu des ténèbres, dans une grande caverne que je fus curieux de visiter ; mais pour cela nous avions besoin de lumière.

Après avoir allumé nos torches, nous commençâmes d'explorer, la torche d'une main et notre arme de l'autre, ce grand vide souterrain, plein d'ombres mystérieuses produites par la faible lumière tremblante de nos flambeaux.

Notre exploration se fit bien doucement, et en avançant autant que possible tous les quatre de front, car dès les premiers pas nous marchions sur des ossements de toute espèce d'animaux qui ont servi de pâture aux habitants de cette sombre galerie.

Il y a, mon cher père, parmi cet ossuaire, des mâchoires de chameau, des carcasses et des pieds de cheval, des têtes d'âne, de chien, de mouton, de gazelle, etc.

De plus, le sol est jonché de débris de roche

détachés des voûtes, se présentant sous diverses formes, ayant des pointes aiguës, des coupes profondes, des arêtes saillantes avec des échancrures à pic, imitant de gros ossements de cétacés, tels qu'on en voit dans nos grands musées de Paris.

De temps en temps, quelques légers bruits se faisaient entendre devant nous dans l'obscurité de ce labyrinthe effrayant, mais aussitôt que nous nous arrêtions en prêtant l'oreille, le silence était profond, il n'était seulement interrompu que par quelques gouttes d'eau qui tombaient des plafonds en divers endroits.

Ces bruits étaient sans doute produits par quelques animaux étonnés et grandement surpris de notre approche, qui allaient probablement s'enfoncer dans les crevasses, nombreuses, profondes et retirées, sises dans le sol et dans le pied des parois.

Oh ! mon cher père, que d'émotions diverses

j'éprouvai sous l'impression du danger, en examinant avec beaucoup de curiosité et d'intérêt cette grotte mystérieuse, tout en tremblant et avec hâte.

L'Arabe qui était entré le premier n'était pas de même : il fouillait avec son sabre à poignée d'argent et à lame toute rouillée, dans tous les trous, coins et recoins de ces lieux lugubres, avec autant d'aplomb et aussi hardiment que s'il eût été dans sa maison, et en répétant constamment et à haute voix : « Radjeleck mouchi hana, hat idek n'héniha. (*Ton mari n'est pas là, donne ta patte, que je la rougisse.*) »

Dans le milieu de la largeur, et à vingt-cinq ou trente pas de l'entrée, ce même indigène aperçut, à sept ou huit pas devant lui, une grande hyène couchée sur des débris de roche, il me la montra, et aussitôt que je la vis, j'arrêtai bien vite mon Arabe au grand sabre, qui s'en approchait tranquillement, comme si c'eût été un mouton ;

tandis que je la voyais, dans la faible lueur de nos torches, nous regardant, et dans l'attitude de la défense, prête à se jeter sur nous, hardis violateurs de sa demeure.

Après être restés pendant deux ou trois minutes dans cette attente émouvante, où il se passa bien des choses dans mon esprit, je songeai que si le féroce animal, dans sa colère, avec sa vivacité et son énergie, venait à se lancer sur nous avant que nous n'ayions pu nous servir de nos armes, nos lumières s'éteindraient nécessairement par le mouvement et l'émotion de chacun, et qu'alors nous nous trouverions dans une complète obscurité qui nous priverait de tous nos moyens de défense.

Comme mon amour-propre était engagé vis-à-vis des Arabes que j'avais amenés dans cette position critique et dangereuse, quoiqu'ils n'en éprouvassent aucune inquiétude, — bien au contraire, ils n'en faisaient que rire, — je me disais : Bien que tu prévoies le danger, tu dois l'affronter hardiment ; j'obéis donc à ce commandement, me rappelant mon devoir d'honneur en présence de ces hommes que nous avons vaincus.

Heureusement, il n'y avait aucun danger pour nous. Voyant que l'animal ne bougeait point, je ramassai une pierre que je lui jetai ; cette pierre alla tomber sur le milieu de son dos, et elle fit retentir un son comme si elle était tombée sur un tambour.

L'animal qui m'avait causé tant d'émotions était mort ; nous nous approchâmes alors sans crainte.

C'était une énorme hyène mâle, de la plus belle espèce ; il était évident que c'était celle qui était allée manger mes boulettes de strychnine, et qui était enflée par l'effet du poison ; mais comme elle sentait déjà mauvais, je l'examinai lestement pour l'abandonner encore plus vite, tout en regrettant sa magnifique fourrure, qui n'avait plus aucune valeur.

En nous dirigeant du côté où nous entendions tomber des gouttes d'eau, l'Arabe qui était armé d'un sabre me raconta qu'il ne craignait pas d'approcher une hyène dans son repaire ; son père, disait-il, un jour en a pris une dans une petite grotte qui se trouve sur le sommet de la même montagne, et qui a son entrée sur l'arête Est du mamelon Nord, le plus rapproché du djebel Osmor, dit le Pain-de-Sucre.

Dès que son père aperçut la hyène, il déposa sa lumière à une certaine distance, afin de la priver de la clarté, puis il s'approcha d'elle dans l'obscurité et sans arme, mais en lui disant constamment : « Radjelek mouchi hana, hat idek n'héniha. »

Arrivé auprès de la hyène, il lui prit la patte à tâtons, la caressa, puis il lui enveloppa la tête dans son burnous, sans qu'elle fît la moindre résistance, et après lui avoir passé son turban autour du cou, il la fit sortir de son domicile, puis il la conduisit à Tébessa, la promena dans les rues, ayant toujours la tête enveloppée, et aussi facilement que si c'eût été un mouton.

Cette histoire m'a été confirmée depuis par plusieurs indigènes. Cela n'est pas arrivé une seule fois, me dirent-ils, mais beaucoup d'Arabes emploient ce moyen toutes les fois qu'ils découvrent un repaire de ces animaux, qui n'ont aucune méchanceté étant dans leurs repaires, ni pendant qu'ils sont privés de la vue.

Arrivé au point où l'eau suinte de la voûte et des parois, je fus frappé par les curiosités naturelles qui se présentèrent à ma vue ; jusque-là, je n'avais visité qu'une caverne en désordre ; mais à partir de ce point, tout est beauté dans le reste du souterrain, qui a cent-vingt mètres de longueur sur une largeur variant de six à quinze mètres, et d'une hauteur sous plafond de trois à six mètres, avec deux embranchements : l'un sur la gauche, dans le milieu de la longueur, qui a vingt mètres de profondeur ; l'autre est un peu plus loin, sur la droite ; il a vingt-six mètres de profondeur.

Les voûtes sont garnies de colonnades et de pendentifs surprenants formés par les suintements et la chute des gouttes d'eau carbonatée, qui y déposent, dans leur action continuelle, depuis peut-être la création du monde, ou depuis le cataclysme qui a formé ce souterrain, leur sédiment pierreux.

Les pétrifications qui tapissent les parois sont ordinairement d'un jaune paille, mais il y en a qui sont d'une blancheur éblouissante ; on croirait que ces dernières sont en cire blanche, et toutes elles présentent des formes magnifiques, curieuses et bizarres.

Des milliers de stalactites s'élancent des plafonds

en allongeant leurs longs tubes creux qui sont toujours garnis, à leurs extrémités, d'une goutte d'eau luisante prête à tomber sur des stalagmites qui s'élèvent sur le sol.

Dans plusieurs endroits, même dans le milieu de la largeur de la grotte, il y en a qui se sont réunies et qui forment des colonnes entières avec leurs chapiteaux, et des piliers comme on en voit dans nos églises gothiques, qui sont, non-seulement d'une grande solidité, mais très-utiles pour supporter la grande voûte. On croirait que la nature en a prévu la nécessité.

Ces stalactites et ces stalagmites changent de forme à mesure que l'on avance, et elles présentent des tableaux de plus en plus admirables. A chaque instant j'étais enthousiasmé..

Ici, les parois sont tapissées de superbes têtes de chou-fleur, se touchant presque les unes les autres ; la ressemblance est si frappante que, placées sur un plat et servies sur une table, elles tromperaient les yeux de tous les convives.

Là, ce sont des serpents et des couleuvres de grosseur et de longueur différentes, s'entrelaçant les uns dans les autres.

A côté, on voit des momies et des statues représentant des femmes portant leurs enfants sur leurs bras; d'autres statues représentent des figures empruntées au paganisme; on croirait que toutes ces statues ont été faites au ciseau, elles sont capables de résister à toutes les intempéries.

On voit aussi des arbres de différentes dimensions, des vases, des corbeilles garnies de plusieurs espèces de plantes, des grappes de raisin, etc.

Un peu plus loin, ce sont des bandes de lard, des oreilles et des têtes de porc, des jambonneaux, des saucissons et des boudins suspendus et accrochés à la voûte et aux parois : on croit être dans un beau magasin de charcuterie.

Des corniches d'un beau travail et des plus

compliqués décorent la partie supérieure des parois dans plusieurs endroits.

Au-dessus d'un petit bassin naturel, ayant une forme ovale, où l'eau vient se reposer après s'être purifiée dans son travail, il y a un admirable et coquet abat-voix, garni d'une charmante couronne formée de stalactites imitant de beaux cierges de différentes longueurs et de diverses formes qui ornent une magnifique tour flanquée de tourelles et surmontées d'une foule de clochetons. Le pied de cette tour est percé d'un superbe portail en ogive comme on en voit dans nos cathédrales.

Je vous ennuie peut-être, mon cher père, avec tous ces détails, mais je ne résiste pas plus au plaisir que j'ai de vous les raconter qu'à celui que j'éprouvais en visitant ces curiosités.

Arrivés au point où la grotte a six mètres de hauteur sous plafond, où elle se rétrécit brusquement en formant une demi-circonférence en creux avec des parois entièrement verticales, j'aperçus, dans le milieu de l'élévation, l'entrée d'une galerie supérieure, mais une échelle nous était indispensable pour la visiter.

Nous appuyâmes à gauche, et bientôt un autre obstacle se présenta devant nous : un bassin plein d'eau ayant une longueur de six mètres, occupant la galerie dans toute sa largeur, nous arrêta pendant un instant.

Plusieurs sondages faits avec le grand sabre ne donnèrent que vingt à vingt-cinq centimètres d'eau.

Comme j'étais impatient de continuer mon exploration et de visiter dans toute son étendue cette grotte qui n'avait jamais servi que de repaire aux animaux sauvages et qui va maintenant acquérir une grande renommée pour ses beautés naturelles, dont l'ensemble admirable est des plus magnifiques, je me décidai à traverser ce bassin.

Mais dès les premiers pas, je m'aperçus que nous avions été trompés sur sa profondeur par la limpidité de son eau.

Heureusement que sa température est tiède, car arrivé au milieu j'avais de l'eau jusqu'au-dessus des genoux.

Après avoir traversé ce petit lac et avancé d'une dizaine de pas, nous nous trouvâmes à l'extrémité de cette délicieuse retraite.

Sur notre droite, la paroi de rocher inclinée à quarante-cinq degrés, ne se réunit plus avec le plafond sur une largeur de deux mètres environ.

Nous grimpâmes sur cette pente glissante en nous aidant les uns les autres, puis nous nous faufilâmes dans un vide très-irrégulier de trente à quarante centimètres de hauteur, et bientôt je fus surpris de me trouver dans une salle de dix pas de longueur sur quatre de largeur.

Si j'éprouvai des difficultés pour arriver dans cette salle, j'en fus bien dédommagé ; plusieurs fois dans mon admiration je m'écriais : « Oh ! que je voudrais que vous, mon cher père, mes frères, mes sœurs, ainsi que tous mes parents, fussiez avec moi pour contempler toutes les beautés de la nature que cette salle renferme. »

Il faut venir en Afrique pour voir de pareilles choses.

Dans le fond de cette salle il y a plusieurs rangs parfaitement alignés de stalactites et de stalagmites réunies, qui imitent les tuyaux d'un jeu d'orgue ; et à travers ces cloisons à claire-voie, on aperçoit des cavités profondes qui conduisent sans doute à d'autres chambres.

J'essayai d'enlever quelques-uns de ces tuyaux afin de pouvoir pénétrer plus loin, mais ils ont la même dureté, la même tenacité, le même vide intérieur que les gros os, et quand on les frappe avec un corps dur, ils rendent le même son.

Je parvins cependant à en casser deux des plus petits, en les frappant avec une grosse pierre ; dès qu'ils furent entamés, un sifflement prolongé se fit entendre, puis l'eau qui était renfermée dans le vide intérieur s'écoula, et leurs cassures présentèrent des couches concentriques semblables à des tuniques d'oignon.

Vous croyez sans doute, mon cher père, comme je le croyais, que c'est tout ? Eh bien ! non. Voici seulement ce qu'il y a de plus remarquable dans ce grand musée de la nature, que le hasard nous donna comme le bouquet de notre visite.

Aussitôt que je fus dans le milieu de cette salle haute, je fus ravi en extase à la vue d'une énorme couronne suspendue au plafond, laquelle est composée de charmantes stalactites de différentes formes et de différentes dimensions, et tellement rapprochées les unes des autres, qu'elles se touchent dans beaucoup d'endroits, ce qui en fait en partie la beauté.

Cette couronne, avec son cachet particulier d'originalité, créée par l'action continuelle de l'eau, a un aspect très-imposant ; elle serait, si on pouvait la déplacer et la transporter, beaucoup plus curieuse et plus admirée que celles qui surmontent les trônes des rois.

Après avoir admiré cet élégant, coquet et superbe étage supérieur, nous en descendîmes par la même rampe que celle par laquelle nous y étions montés, en nous laissant glisser sur la pente du rocher, mais doucement et avec précaution, car nous étions exposés à nous meurtrir la tête, à nous écorcher la figure et d'autres parties du corps.

Arrivés sur le bord du bassin, mes Arabes et moi, nous le traversâmes de nouveau sans hésitation : eux, parce qu'ils n'avaient rien à craindre de l'eau, puisqu'ils vont les jambes nues, et moi, parce que mes bottes étaient encore pleines d'eau.

Sortir de la grotte, c'eût été l'affaire d'un instant, mais un Arabe, en fouillant avec son sabre, découvrit, sur notre droite, dans le pied de la paroi, l'entrée d'une salle basse.

Excité par le grand nombre de curiosités que j'avais vues jusqu'alors, je voulus, malgré la pente rapide et dangereuse, pénétrer dans cette chambre et la visiter.

Y descendre en nous laissant glisser les pieds en avant, ce fut l'affaire d'un instant.

Cette nouvelle cavité, longue d'environ seize pas sur six de largeur, a son plafond élevé de deux mètres près de l'entrée, mais il va en s'inclinant jusqu'au fond, où il se réunit avec le sol qui est jonché de vieux os.

Nous sortîmes bien vite de ce sinistre réfectoire,

qui n'a rien de curieux ni de remarquable, excepté deux ou trois charretées de carcasses décharnées.

En remontant de cet ossuaire, je sentis seulement que j'étais fatigué, quoique nous n'eussions mis qu'une heure environ pour visiter cette grande cavité ; et en portant machinalement la main à ma figure, je m'aperçus qu'elle était ruisselante de sueur.

Il fait une chaleur étouffante dans les entrailles de cette montagne ; on n'y rencontre aucun courant d'air.

Un instant après, je me trouvais très-heureux d'être sorti sain et sauf de ce grand vide intérieur, après y avoir éprouvé tant d'émotions.

Après m'être reposé quelques instants, je retournai à Tébessa avec mes trois indigènes, enchanté d'avoir découvert cette curieuse et charmante grotte, ignorée jusqu'à ce jour.

Dès le lendemain j'y retournai avec deux sapeurs

du génie, pour sortir d'abord le cadavre de la hyène, afin qu'il n'empoisonnât pas ce beau souterrain, et ensuite pour donner plus de hauteur à l'entrée.

Ces deux soldats y retournèrent plusieurs jours de suite, car le travail était pénible.

Plusieurs fois, en allant voir mes deux ouvriers, j'examinai avec plus d'attention les beautés et les dimensions de ces lieux; mes examens bien détaillés ne firent que confirmer mes premières impressions.

A chaque visite, j'aidai aussi mes intelligents sapeurs à détacher, en nous servant d'une pince, d'une masse et souvent d'une scie, quelques beaux morceaux de cristallisation, qu'ils portaient ensuite à une certaine distance, afin de pouvoir les envoyer chercher le lendemain à dos de mulet.

Quelque temps après, je fis établir au-dessus de la fontaine de l'établissement du génie de

Tébessa, un magnifique petit rocher, imitan
une partie de l'intérieur de la grotte.

Ce coquet petit rocher passe pour une mer-
veille, qui aurait un prix fou en France.

Aussitôt que l'entrée de la grotte fut rendue
un peu plus commode, et après y avoir fait
transporter une échelle pour monter avec plus
de facilité à l'étage supérieur, je profitai du
premier beau jour pour inviter les officiers et les
habitants européens de la ville à aller visiter ma
découverte.

On y alla pour ainsi dire en procession, car
M. le curé de Tébessa marchait en tête.

Tout le monde fut émerveillé d'abord, puis
s'extasia lorsqu'on fut dans la galerie supérieure.

Pendant que mes spectateurs étaient en admiration, un des chiens que l'on avait laissés en bas
dans l'obscurité monta, au grand étonnement
de tout le monde, à l'échelle, avec une facilité
ingénieuse et prestigieuse.

Après avoir tout visité, chacun en détacha, comme il put, quelques beaux morceaux.

Pendant que tous mes invités étaient ainsi occupés, un chien s'engagea dans un des trous situés dans le sol, et environ dix minutes après on l'entendit aboyer au loin dans le centre de la montagne, puis un quart-d'heure après il reparut dans la grotte à la grande satisfaction de son maître qui l'avait cru perdu.

Au retour, en descendant le long de la crête du ravin des chacals, chacun se divertit en faisant rouler de gros blocs de rocher, afin de jouir de l'effet qu'ils produisaient en écrasant les broussailles, ainsi que tout ce qui gênait leur course, et des échos plusieurs fois répétés dans la longueur du ravin, que ces blocs de granit faisaient retentir en bondissant de roche en roche sur cette longue pente glissante et presque à pic.

Pendant longtemps, et à chaque beau jour, les

dimanches surtout, les habitants de la ville de Tébessa allèrent visiter cette grotte en partie de plaisir, et ils rapportaient, pour décorer leurs appartements, quelques beaux morceaux de la grotte Guichard : c'est le nom qu'ils lui ont donné.

M. Flogny, chef d'escadron au 3e régiment de spahis (cavalerie indigène), commandant supérieur du cercle de Tébessa, voyant qu'on dévalisait ma curieuse trouvaille, fit placer une porte à l'entrée ; mais, quoiqu'elle fût d'une grande solidité, des curieux inconnus l'enfoncèrent quelques jours après, en lançant contre elle de gros blocs de rocher. La grotte Guichard est, depuis lors, à la merci de tout le monde.

Cet établissement de pétrifications, ou mieux d'incrustations, intéressera sans doute plusieurs touristes qui viendront dans ces contrées désertes pour y visiter les nombreuses ruines et les superbes monuments romains qui existent encore dans la ville de Tébessa.

Permettez-moi, mon cher père, d'essayer, d'après mes faibles moyens, de vous expliquer comment ces pétrifications se forment.

Presque toute la pierre qui compose la charpente de cette montagne est propice à faire de la chaux, et c'est sur le bas de son versant septentrional que les Arabes font toute celle que l'on consomme à Tébessa.

L'eau d'Aïn el Bled (de la fontaine de la ville), sort du pied de cette montagne, et cette eau, qui est très-saine et très-potable, est tiède à sa source en toutes saisons, et elle donne lieu à des incrustations, à chaque suintement, le long du vieil aqueduc romain qui amène l'eau dans la ville, en traversant les jardins et le grand ravin de la Zaouïa.

Dans tous les pays, l'eau en courant sur des

pierres calcaires, c'est-à-dire des pierres à chaux, s'imprègne d'acide carbonique, surtout quand elle est un peu chaude, et alors elle pétrifie tout ce qu'elle touche, dans plus ou moins de temps, en formant sur les objets des couches pierreuses.

Et ces eaux forment, surtout dans les souterrains, des pendentifs et des colonnades, que l'on appelle stalactites si elles sont pendantes aux voûtes, et stalagmites, si elle, reposent sur le sol.

Si l'on suspendait pendant quelque temps, dans certains endroits de la grotte Guichard, n'importe quels objets, je ne doute pas que l'eau, tombant doucement et continuellement sur eux, finirait par les pétrifier ou les incruster, en y déposant son sédiment.

GUICHARD.